BEI GRIN MACHT SICH IHR WISSEN BEZAHLT

- Wir veröffentlichen Ihre Hausarbeit,
  Bachelor- und Masterarbeit

- Ihr eigenes eBook und Buch -
  weltweit in allen wichtigen Shops

- Verdienen Sie an jedem Verkauf

Jetzt bei www.GRIN.com hochladen
und kostenlos publizieren

Bibliografische Information der Deutschen Nationalbibliothek:

Die Deutsche Bibliothek verzeichnet diese Publikation in der Deutschen National-
bibliografie; detaillierte bibliografische Daten sind im Internet über http://dnb.d-
nb.de/ abrufbar.

Impressum:

Copyright © 2018 GRIN Verlag
Druck und Bindung: Books on Demand GmbH, Norderstedt Germany
ISBN: 9783668725249

Dieses Buch bei GRIN:

https://www.grin.com/document/429332

Michael Dienst

Surfboardfinne ausgeführt als vollparametrisierter Labortragflügel

Transactions in Suffering Innovations T24 SI797

GRIN Verlag

„Transactions in suffering Innovations“

Ideen verbrennen im Park

Der Wedding ist heute wunderschön
und ich fühl` mich seltsam stark.
Was hält mich da noch im Labor?
Wir gehen zum Led Zeppelin,
der gefällt mir mehr als je zuvor,
bei ungefähr tausend Kelvin.
Komm, lass uns Patente verbrennen im Park.

Mi. Berlin 2016

Den Ausführungen sei ein Traktat vorangestellt. Die Textbeiträge zum Stand der Technik und den „Transactions in Suffering Innovations“ besitzen ein dynamisches Format und sind, beginnend im November 2016, in folgender Weise geordnet und Überschrieben:

Titel: Artefakt
Untertitel: Transactions in Suffering Innovations T[NUMMER]SI[Mi-KENNUNG]
Datum: Freigabe
Prolog   [Kontext]
Kerntext   [Technische Beschreibung]
Epilog   [Hintergründe und Dialoge]

Traktat

über die Beiträge zum Stand der Technik und zu den „Transactions in Suffering Innovations"

Die „Transactions in Suffering Innovations" bilden eine Sammlung von Schriften über Artefakte im Themenfeld Biologie & Technik, die in loser Reihenfolge erscheint. Es besteht durchaus die Absicht, den Stand der Technik zu verändern.

Gegenstand der Beiträge zu den Schriften der „Transactions in Suffering Innovations" sind Artefakte, Problemlösungen, Gestaltungsfragen und die kritische Auseinandersetzung mit Themen der Bionik, also Technik nach Vorbildern aus der belebten und unbelebten Natur und ihre Umsetzung. In ausgesuchten Fällen sind Technische Beschreibungen nach Standards des Deutschen Patent und Markenrechts[1] verfasst.

Mit den „Transactions in Suffering Innovations" soll der Fortschritt auf dem Gebiet der angewandten Bionik dadurch gefördert werden, dass die dargestellten notleidenden Artefakte, Problem- und Gestaltungslösungen frei von Rechten Dritter sind und mit ausdrücklicher Genehmigung dem Leser zur Nutzung verfügbar werden.

In den „Transactions in Suffering Innovations" werden ausschließlich Artefakte offeriert, die nicht unter das Arbeitnehmererfindungsgesetzes ArbErfG[2] fallen oder in der Vergangenheit fielen.

Die in den „Transactions in Suffering Innovations" dargestellten Artefakte sind insofern notleidend, da sie einerseits aus materieller Not nicht weiterverfolgt werden, ein Umstand der sich vielleicht wieder ändern mag. Andererseits sind die dargestellten Artefakte notleidend, weil sie möglichweise auftretender oder voranschreitenden geistigen Umnachtung zum Opfer zu fallen drohen; ein Umstand der sich wohl nicht mehr ändern wird.

Als Übergeordneter Absicht gilt es solche Forschung anzustoßen, die Lösungswege der Übertragung biologischer Phänomene untersucht und Fragestellungen betrifft, die im Zusammenhang stehen mit Natur und Technik.

Die Beiträge zum Stand der Technik und den „Transactions in Suffering Innovations" sind in deutscher Sprache verfasst. Dem Text wird gegebenenfalls eine teilweise oder vollständige Übersetzung in englischer Sprache beigestellt. In einer Ausgabe der Schriftensammlung wird jeweils nur ein Werk platziert. Den Ausführungen wird gegebenenfalls ein Prolog vor und ein Epilog nachgestellt.

Mi. Dienst

---

[1] https://www.dpma.de/patent/anmeldung/index.html
[2] Am 7. Februar 2002 trat die Novellierung des Arbeitnehmererfindungsgesetzes ArbErfG in Kraft.

Titel: **Surfboardfinne ausgeführt als vollparametrisierter Labortragflügel**

Untertitel: Transactions in Suffering Innovations T24 SI797
11. Juni 2018

Technische Beschreibung

Surfboardfinne ausgeführt als vollparametrisierter Labortragflügel

Die Erfindung betrifft eine vollparametrisierte, standardisierte Tragfläche einer fluidisch wirksame Leit- und Steuertragfläche (eine Surfboard-Finne, nachfolgend „LAB-Fin" benannt), deren Gestalt mit geringen deklaratorischen Mitteln beschreiben werden kann.

Die Laborfinne ist die konstruktive Basis einer Variantenbildung. Die Laborfinne ist im Sinne eines Probenkörpers mit Funktionselementen bespielbar. Die Laborfinne ist als Technik- und Technologiedemonstrator geeignet. Der Erfindung liegt die Idee einer fludmechanisch wirksamen Leit- und Steuertragfläche für kleine Seefahrzeuge zu Grunde, die durch einfache geometrische Elemente beschrieben und durch lediglich drei Parameter eindeutig definiert ist. Die Finne ist zur gestaltkompatiblen Montage an standardisierte Einbauflansche für Surfboards diverser Hersteller geeignet. Der Tragflügel der Surfboardfinne besitzt eine strömungsmechanisch wirksame und bauartbedingt, eine achssymmetrische Profilkontur. Die Surfboardfinne kann skaliert und parametrisiert werden derart, dass sie für diverse Anströmbedingungen fluidmechanisch wirksam und geeignet ist. Die die Konturen der Tragflügelprofile des Probenkörpers sind definitionsgemäß symmetrische Ellipsen.

Stand der Technik und der Wissenschaft. Profile
Ein Strömungsprofil bezeichnet die Querschnittgeometrie von Kraft- und Arbeitstragflügeln in Strömungsrichtung des umgebenden Fluids. Kontur bezeichnet dabei die umhüllende Gestalt eines Strömungskörpers. Dreidimensionale Körperkonturen können eben, konvex oder konkav sein. Elastisch flexible Profilkonturen sind Stand der Technik und der Wissenschaft. Flexible Profilkonturen für Surfboardfinnen sind Stand der Technik. Elastische Finnen vom Stand der Technik verhalten sich mechanisch orthodox; dies bedeutet, dass die strukturelle Bauteilverformung der Richtung der beaufschlagenden Kraft folgt.

Stand der Technik und der Wissenschaft. Elliptische Profile
Elliptische Profile sind in DE20 2014 003 346.3 (IPC F15D 1/10) beschrieben und standardisiert. Die *PROFILKONTUR nachfolgend benannt „ELL"*, determiniert ein fluidmechanisch wirksames, lateralsymmetrisches Strömungsprofil, dessen Kontur durch das geometrischen Elemente Ellipse beschrieben und durch zwei Parameter [ps1] und [ps2] vollständig und eindeutig definiert ist, wie folgt: "ELL[ps1][ps2]" betrifft. Mit den Parametern: ps1 sei die spezifische Profildicke d/t [%] und ps2 sei spezifische Dickenrücklage xd/t [%] des symmetrischen Profils. Die Kontur des symmetrischen Profils entsteht, indem eine bugseitige (Halb-) Ellipse und eine heckseitige (Halb-) Ellipse, ausgerichtet an deren jeweiligen kongruenten Konstruktionskreis angeordnet und gefügt, eine gemeinsame Symmetrieachse

besitzen. Das Strömungsprofil "ELL[ps1][ps2]" ist für Kraft- und Arbeitstragflächen, insbesondere für Profile von Paddelblättern geeignet. Ausprägungen und Varianten des fluidmechanisch wirksames Strömungsprofils sind in Serien systematisiert und geordnet. Das Strömungsprofil kann skaliert und parametrisiert werden derart, dass es besonders für unterschiedliche Anströmbedingungen fluidmechanisch wirksam und geeignet ist.

Stand der Technik. Leitflächen an Surfboards

Surfboardfinnen sind als Leit- und Steuertragflächen im Bereich des Hecks eines Surfboards wirksam. Für die Montage von unterschiedlichen Finnen an Surfboards sehen die markt-führenden Hersteller unterschiedlich standardisierte Einbauflansche vor. Bei Surfboards in Fahrt und beim Manövrieren ist neben der hohen mechanischen Belastung der strömungsmechanisch wirksamen Bauteile im Bereich des Unterwasserschiffes die optimale und an Strömungswiderständen arme Funktionsweise entscheidend für die Fahrleistung. Grundsätzlich sind bei leistungsoptimierten Seefahrzeugen vom Stand der Technik und all ihren Bauteilen Robustheit, Formhaltigkeit, Funktion und Lebensdauer bei geringem Gewicht von Bedeutung. Zum Lateralplan eines Seefahrzeugs zählen alle fluidmechanisch wirksamen Leitflächen im Unterwasserbereich. Bei Surfboards vom Stand der Technik gehören die als Leitflächen ausgeführten Finnen am Heck zum Lateralplan. In Fahrt bilden fluidmechanisch wirksame Leitflächen im Unterwasserbereich mit symmetrischem Profil nach Stand der Technik dann einen fluiddynamisch wirksamen Tragflügel aus, wenn eine nicht axiale Anströmung gegeben ist. Dies gilt insbesondere für Surfboardfinnen mit symmetrischem Profil nach Stand der Technik. Die aus dem hydrodynamischen Auftriebsgebaren der Surfbrettfinnen resultierende Querkraft wird beim Manövrieren genutzt. Surfbrettfinnen nach Stand der Technik sind üblicherweise aus (symmetrisch profiliertem) Vollmaterial. Für das Flügelende der Leit- und Steuertragfläche, insbesondere den Randbogen (die Kontur des vom Surfbrettkörper abweisenden, freien Surfbrettfinnenflächenendes) sind unterschiedliche Formen bekannt.

Stand der Technik und der Wissenschaft, Physikalische Modelle.

Simulationssoftware nimmt in den naturwissenschaftlichen und ingenieur-wissenschaft-lichen Berufsfeldern einen zunehmend größeren Anteil ein (organisatorisch, zeitlich und bezüglich der Kosten). In klassischen maschinenbaubetonten Produktentwicklungs- Metho-diken, wie etwa der VDI-R 2221, werden bereits in der frühen Phase Wirkprinzipien und Funktionsmodelle nachgefragt; sie geben erste Auskünfte über Form und Art, Abmes-sungen, Anordnung und Anzahl der Gestaltungselemente eines frühen Entwurfs und bilden die Entscheidungsgrundlagen für die weitere Entwicklung. An Bedeutung gewinnen gegenständliche Modelle, die mit Rapid Prototyping-Verfahren (RP) direkt aus den CAD-Datenbeständen generiert werden können. Experimentieren mit gegenständlichen Modellen umfasst das ganze Spektrum sehr einfacher Tests bis hin zu aufwändigen Erprobungen mit Prototypen und Vorläuferprodukten. Numerische Beanspruchungsmodelle dienen der Klärung des Bauteilverhaltens bei äußerer Beanspruchung (statisch, dynamisch, Schwingung, isolierte Kräfte), Verformungs-

und Funktionsmodelle zur Analyse des Bauteilverhaltens hinsichtlich Kinematik, Dynamik, thermischen, elektrischen und chemischen Verhaltens. Ergonomiemodelle und Anmutungen dienen zur Erprobung der Handhabung, Montage, Bedienung und von Nutzungsszenarien im Anwendungsfeld sowie zur Vermittlung eines realistischen Eindrucks über die visuellen Eigenschaften des späteren Produkts, auch dessen Haptik.

Problembeschreibung

Surfboardfinnen sind hinsichtlich ihrer geometrischen Gestalt und der in der Konstruktion verwandten Profilkonturen nicht standardisiert. Dies erschwert die Vergleichbarkeit physikalischer Messergebnisse und numerischer Simulationsmodelle oder macht eine Evaluation sogar unmöglich. Außerdem werden bei der Entwicklung von fluidmechanisch wirksamen Kraft- und Arbeitstragflächen für Strömungsmaschinen generell die Koordinaten der Konturen der Strömungsprofile Profilkatalogen entnommen. Beides, die Variantenvielfalt der geometrischen Gestalt und die Profilauswahl stellen im Zeitalter hoch entwickelter mathematischer Berechnungs- und Handhabungsmethoden sowie vergleichsweise leicht verfügbarer Datenbankbestände kein grundsätzliches Problem dar. Dennoch taucht in für Strömungsanwendungen typischen Entwicklungs- und Nutzungsszenarien, etwa in Forschungslabors (Prototypenbau) und im von kleinen und mittelständigen Unternehmen geprägten Yacht- und Bootsbau (Einzelanfertigungen, Unikate, Reparatur) das Problem auf, dass die Geometriedaten von Strömungsbauteilen und der Konturen von Profilen für fluidmechanisch wirksame Kraft- und Arbeitstragflächen für Profillehren, Formen und anderer Fertigungsmittel in einer für die Bauteiloptimierung, der wissenschaftlichen Untersuchung und/oder die Fertigung nicht geeigneten Form vorliegen. Für die Beschreibung von Konturen nach dem Stand der Technik wird auf Datenbanken oder Profiltabellen zurückgegriffen [Abbo-59] [Eppl-90] [Gorr-17].

Problemlösung

Die Erfindung betrifft eine Laborfinne (LAB-Fin), deren Gestalt mit geringen deklaratorischen Mitteln beschreiben werden kann. Die Laborfinne ist ein standardisierter Messkörper, als Technik- und Technologiedemonstrator geeignet, kann durch einfache geometrische Elemente beschrieben und in ihrer einfachsten Ausführung durch lediglich drei Parameter [P1] [P2] [P3] eindeutig definiert werden. Der Parameter P1 ist die Tragflügellänge gemessen von der Flügelwurzel b [mm], der Parameter P2 ist die spezifische Profiltiefe t [mm], der Parameter P3 ist die spezifische Profildicke d/t [%].

LABORTRAGFLUEGEL[b,mm],[t,mm],[d/t,%],[Feature1],..,[Feature n]

Erzielbare Vorteile

Die standardisierte Surfboardfinne ist einer messtechnischen und/oder simulations-technischen Analyse und Vergleichbarkeit zugänglich. Das ist von wissenschaftlichem und wirtschaftlichem Interesse. Die Analyse der mechanische Beanspruchung von Bauteilen und Baugruppen erfolgt mit klassischen Methoden der technischen Mechanik, wie etwa der Elastischen Theorie oder mit zeitgemäßen finiten Verfahren (Finite Element Methode, FEM). Die Strömungswirklichkeit wird nach der Potentialtheorie grob ermittelt, oder mit Finite Volumen Verfahren realitätsnah analysiert (Computational Fluid Dynamics, CFD). Die standardisierte Finne ist einer Analyse der Fluid- Struktur- Wechselwirkung (Fluid Structure Interaction, FSI) zugänglich. Die standardisierte Surfboardfinne kann direkt an handels-üblichen Surfboards verwendet werden und einer Evaluierung im „Feld" (in der Welle) oder messtechnischen Untersuchungen im Labor und am Strömungskanal dienen. Seitens der Fertigung sind gießtechnische Verfahren (GT), spanende Verfahren oder Rapid Prototyping (RP). Mit der Standardisierung wird erreicht, dass in der Baupraxis, in der Reparatur- und Instandhaltungspraxis Strömungsbauteile und/oder deren Fertigungsmittel wie Profillehren oder Formen durch einfache mathematische Beziehungen beschrieben werden können und in der Konstruktionspraxis geometrische Vorgaben möglich werden oder existieren, die auch vom (Surf-) Laien mit geringsten Mitteln umgesetzt werden können. Die Simplifizierung der Konstruktion führt auch auf Robustheit im Betrieb; dies ist von wirtschaftlichem Interesse.

Wirtschaftliche Verwertbarkeit
Der Markt für Surfboardfinnen ist überschaubar klein, aber die Szene ist vital. Mit der Laborfinne nach Anspruch 1 werden Innovationen auf dem Gebiet für Leit- und Steuertragflächen insbesondere der Surfboardfinnen evaluierbar. Innovationen, die die fluidischen Leistungsparameter der Strömungsbauteile und die Performance des Gesamtsystems verbessern werden erfolgreich am Markt sein.

Aufbau, bauliche Ausführung und Wirkungsweise
Die Finne ist symmetrisch ausgeführt und zur gestaltkompatiblen Montage an standardisierte Einbauflansche für Surfboards diverser Hersteller geeignet. Die Einbauflansche (Plugs) sind nicht Gegenstand der Erfindung und das Surfboard ist nicht Gegenstand der Erfindung. Das Tragflügelteil der Surfboardfinne besitzt eine strömungs-mechanisch wirksame elliptisch-symmetrische Profilkontur. Für die Montage von unterschiedlichen Finnen an Surfboards sehen die marktführenden Hersteller standardisierte Einbauflansche vor.

Geometriebeschreibung	**absolute**	**Abmessung**	**Parameter**
Profiltiefe an der Flügelwurzel	t	[mm]	P2
Profildicke	d	[mm]	
Tragflügellänge	b	[mm]	P1

Geometriebeschreibung (relativ)	**spezifische**	**Abmessung**	**Parameter**
Spezifische Profildicke	d/t	[%]	P3

Benennung der Bauteile des Basisprobenkörpers

F   Flügel
TER   Terminal (Hersteller)
BO   Bootskörper

Benennung der Bauteile und Funktionselemente variierter Probenkörper

G   Gelenk
K   Ruderklappe
AB   Ausgleichsbohrung
GRU Fuge
FB   Teilflügel
FH   Teilflügel
FW   Teilflügel

Halb-Ellipsoid determinieren

X Achse	a	horizontaler Ellipsenradius, Profildicke d= 2a
Y Achse	c	horizontaler Ellipsenradius, Profiltiefe t= 2c
Z-Achse	b	vertikaler Ellipsenradius, Tragflügellänge b.

Halb-Ellipsoid generalisieren

X Achse   a/b   generalisierter, horizontaler Ellipsenradius
Y Achse   c/b   generalisierter, horizontaler Ellipsenradius
Z-Achse   b/b=1 Modul der Generalisierung (vertikaler Ellipsenradius, Tragflügellänge)

Finnenterminal (exemplarisch, Hersteller: *FUTURES*)

PLUG- Länge	L= 115	[mm]
PLUG-Tiefe	T=18	[mm]
PLUG-Dicke	D = 7	[mm]

Weitere Messflügeleigenschaften.

Profilkontur	(exemplarisch)	ELL 5010	Standardprofil
alsoFeature	(exemplarisch)	glatt	Oberfläche
alsoFeature	(exemplarisch)	*FUTURES*	Hersteller- PLUG

Das bei dieser Konstruktion zur Anwendung kommende „Terminal", welches zu dem Einbauflansch (Plug) des Surfboards kompatibel ist, entspricht einem über Länge L, Tiefe T und Dicke D standardisierten Rechteckprisma.

LABORTRAGFLUEGEL[b,mm],[t,mm],[d/t,%],[Feature1],..,[Feature n]

Die für Finnenwurzel-Bereich, kompatibel zu Terminal zur Anwendung kommende „Box" ist beliebig und nicht relevant für die Erfindung nach Anspruch 1. In den Abbildungen Figur 1 wird der Finnenwurzel-Bereich kompatibel zu Terminals eines weltweit agierenden Hersteller als Rechteckprisma dargestellt. Bauweisen und Bauausführungen der Anmontage einer Finnentragfläche an ein Surfboard sind nicht Gegenstand der Erfindung.

Aufbau und bauliche Ausführung.

Die Erfindung betrifft eine Laborfinne (LAB-Fin), deren Gestalt mit geringen deklaratorischen Mitteln beschreiben werden kann. Die Laborfinne ist ein standardisierter Messkörper, als Technik- und Technologiedemonstrator geeignet, kann durch einfache geometrische Elemente beschrieben und in ihrer einfachsten Ausführung durch lediglich drei Parameter [P1] [P2] [P3] eindeutig definiert werden. LAB-Fin ist determiniert, wenn bekannt ist:

      P1, die Tragflügellänge b [mm]

      P2, die Profiltiefe t [mm],

      P3 ist die spezifische Profildicke d/t [%].

Der Parameter P1 ist die Tragflügellänge gemessen von der Flügelwurzel b [mm], der Parameter P2 ist die spezifische Profiltiefe t [mm], der Parameter P3 ist die spezifische Profildicke d/t [%]. Die Laborfinne, bestehend aus dem proximalen (dem Grundkörper Bo zugewandten) Finnenterminal TER, der proximalen Tragflügelbasis und dem Finnenflügelteil F bilden zusammen eine konstruktive und funktionale Einheit. Die baulichen Zusammen-hänge sind unter Hinzuziehung der Liste der Merkmale aus den schematischen Skizzen in der Abbildung Figur 1 zu ersehen. Alle Informationen, die zum Determinieren eines Ellipsoiden erforderlich sind werden in der schematischen Abbildung, Figur 2 ersichtlich.

Laborflügel und Varianten

Der standardisierte Laborflügel kann skaliert oder mit Funktionselementen ausgestattet werden. Die schematische Abbildung Figur 3 zeigt exemplarisch eine mögliche Anordnung von funktionalen Fugen GRU, die das Gesamtsystem unter fluidischer Belastung passiv zwangsverformen beschrieben in [Die-16]. Die schematische Abbildung Figur 4 zeigt exemplarisch eine mögliche Anordnung eines funktionalen Plattengelenkes G, das eine Steuerklappe K formuliert. Die schematische Abbildung Figur 5 zeigt exemplarisch eine mögliche Skalierung des standardisierten Laborflügels.

Wirkungsweise

Der Tragflügel, gebildet aus dem proximalen Finnenflügelteil F ist Teil der Lateralfläche des Surfboard-Fahrzeugs. Erfindungsgemäß sind Teile des fluiddynamisch wirksamen Trag-flächensystems in einer Ebene längs der Strömungshauptrichtung unbeweglich angeordnet. In einem durch Querströmung beaufschlagten Zustand bildet das proximale Finnenflügelteil F einen fluidmechanisch wirksamen Tragflügel aus und arbeitet als eine reguläre Surfbrettfinne als fluiddynamische und querkrafterzeugende Auftriebsfläche.

Bibliographie und Quellen, Entgegenhaltungen

[Abbo-59]   Ira H. Abbott, Albert E. von Doenhoff: Theory of Wing Sections: Including a Summary of Airfoil Data. Dover Publications, New York 1959,

[Die14]   Dienst, Mi. (2014) Fluiddynamisch wirksames lateralsymmetrisches Strö-mungsprofil aus geometrischen Grundfiguren für Kanupaddel. (GM308). Gebrauchsmuster-Nr. 20 2014 003 346.3, IPC: F15D 1/10

[Die 16]   Dienst, Mi. (2016) THE ORIGIN OF BIOLOGICAL COMPLEX GEAR, Design Intent regarding Surfboard fins with "Intelligent Mechanics, i-mech". GRIN-Verlag GmbH München, ISBN(e-Book): 9783668264779, ISBN(Buch): 9783668264786

[Eppl-90]   Richard Eppler: Airfoil Design and Data. Springer, Berlin, New York 1990,

[Gorr-17]   Edgar Gorrell, S. Martin: Aerofoils and Aerofoil Structural Combinations. In: NACA Technical Report. Nr. 18, 1917.

[Katz-01]   Joseph Katz, Allen Plotkin: Low-Speed Aerodynamics (Cambridge Aerospace Series) Cambridge University Press; 2 edition (February 5, 2001)

[Mial-05]   B. Mialon, M. Hepperle: "Flying Wing Aerodynamics Studies at ONERA and DLR", CEAS/KATnet Conference on Key Aerodynamic Technologies, 20.-22. Juni 2005, Bremen.

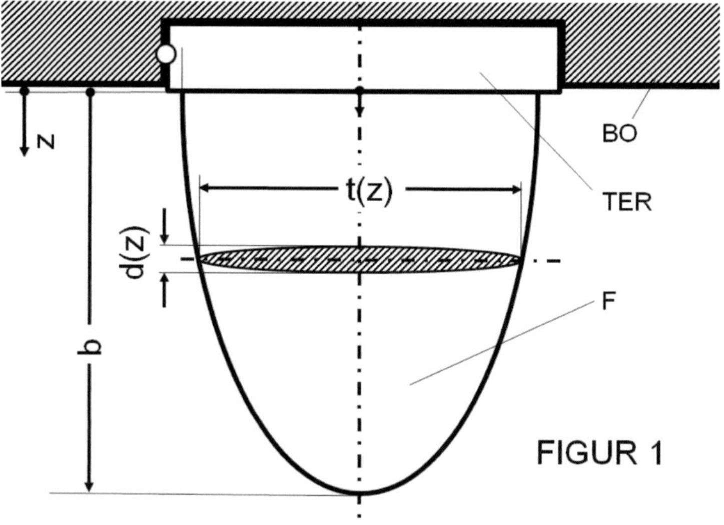

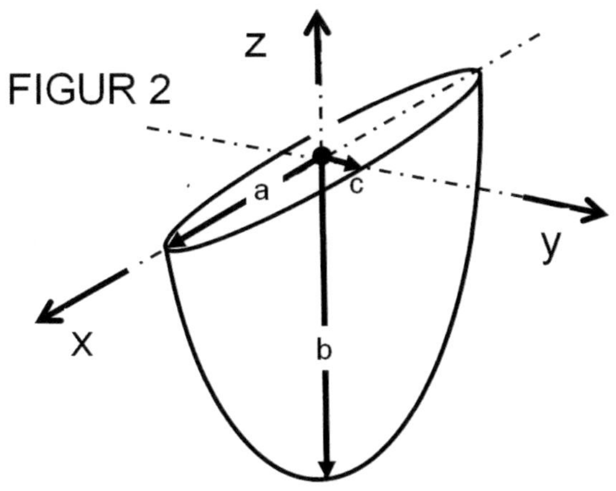

FIGUR 2
z
x
y
a
b
c

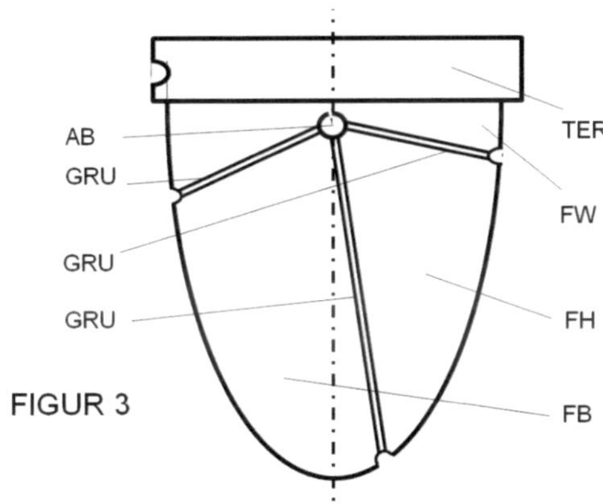

AB
GRU
GRU
GRU
TER
FW
FH
FB
FIGUR 3

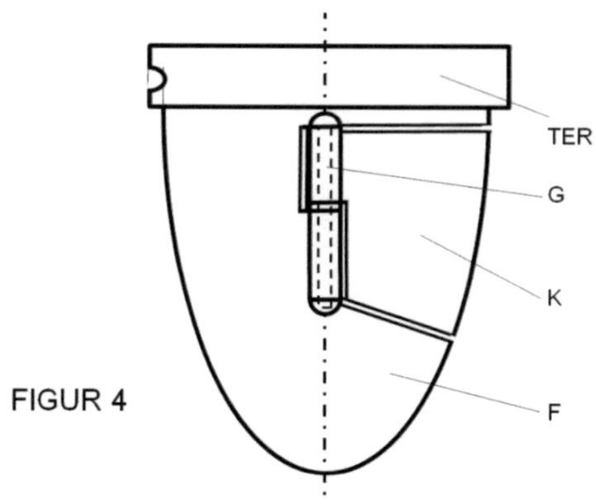

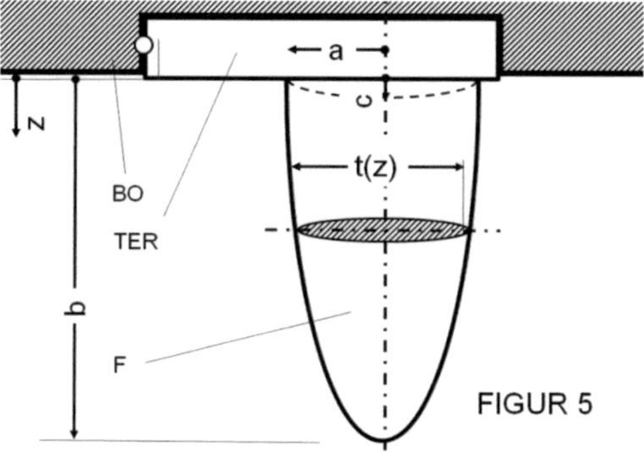

Ansprüche

(1)   Surfboardfinne als standardisierte Laborfinne, dadurch gekennzeichnet,

dass deren Gestalt mit geringen deklaratorischen Mitteln als eine Laborfinne beschreiben und evaluiert werden werden kann.

(2)   Surfboardfinne nach Anspruch 1, dadurch gekennzeichnet,

dass Laborfinne die konstruktive Basis einer Variantenbildung ist und skalieret werden kann.

BEI GRIN MACHT SICH IHR WISSEN BEZAHLT

- Wir veröffentlichen Ihre Hausarbeit, Bachelor- und Masterarbeit

- Ihr eigenes eBook und Buch - weltweit in allen wichtigen Shops

- Verdienen Sie an jedem Verkauf

Jetzt bei www.GRIN.com hochladen und kostenlos publizieren